© 2021, Vista Higher Learning, Inc.
500 Boylston Street, Suite 620
Boston, MA 02116-3736
www.vistahigherlearning.com
www.loqueleo.com/us

© Del texto: 1999, Georgina Lázaro León

Dirección Creativa: José A. Blanco
Director Ejecutivo de Contenidos e Innovación: Rafael de Cárdenas López
Desarrollo Editorial: Lisset López, Isabel C. Mendoza
Diseño: Paula Díaz, Daniela Hoyos, Radoslav Mateev, Gabriel Noreña, Andrés Vanegas
Coordinación del proyecto: Brady Chin, Tiffany Kayes
Derechos: Jorgensen Fernandez, Annie Pickert Fuller
Producción: Oscar Díez, Sebastián Díez, Andrés Escobar, Daniel Lopera, Adriana Jaramillo, Daniela Peláez
Ilustraciones: Olga Cuéllar

Mi gorrita
ISBN: 978-1-54333-583-5

Todos los derechos reservados. Esta publicación no puede ser reproducida, ni en todo ni en parte, ni registrada en o transmitida por un sistema de recuperación de información, en ninguna forma ni por ningún medio, sea mecánico, fotoquímico, electrónico, magnético, electroóptico, por fotocopia o cualquier otro, sin el permiso previo, por escrito, de la editorial.

Published in the United States of America

1 2 3 4 5 6 7 8 9 GP 26 25 24 23 22 21

Mi gorrita

Georgina Lázaro León
Ilustraciones de Olga Cuéllar

*A José Alberto
y todos los niños que,
como él, saben soñar.*

Sucedió un día tan bonito.
Fue una mañana especial.
Estaba tan claro el cielo;
el agua, como el cristal.

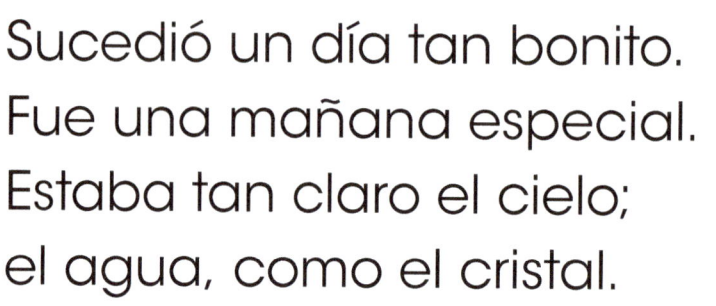

Algunos peces plateados que se creían mariposas volaban sobre las aguas con sus alas vaporosas.

Dondequiera, velas blancas;
por el aire, las gaviotas;
y, brillando como estrellas,
mil luces sobre las olas.

Regresábamos de Vieques.
Íbamos para San Juan.
Atrás quedaba la arena;
al frente, todito el mar.

Protegiéndome del sol,
yo llevaba mi gorrita,
que era verde y tenía un lazo
que la hacía más bonita.

Entonces, como un travieso
niño que quiere jugar,
sopló el viento caprichoso
y mi gorra hizo volar.

Preocupada por su suerte,
le pregunté a mi mamá:
—¿A dónde van las gorritas
que se pierden en el mar?

»¿Se quedan sobre las olas
meciéndose sin parar
o se mojan y se hunden,
y no aparecen jamás?

Mamá se quedó pensando.
¡Cuánto tardó en contestar!
Yo tenía tanta pena
que casi me echo a llorar.

Entonces, ella me dijo,
como si fuera a cantar:
—Tienen mucha, mucha suerte
las gorritas que se van.

»Unas bailan con las olas
siguiendo el mismo compás
hasta llegar lentamente
al más cercano arenal.

»Allí un carey muy grandote
les da un uso singular:
tapa con ellas el nido
donde sus crías nacerán.

»O el viento sigue jugando
y las lleva hasta un manglar
donde las ostras y almejas
les sonríen al pasar.

»O se abrazan a una rama
y se dejan capturar.
O se tiran en el agua
porque prefieren nadar.

»Alguna tendrá la suerte
de Pinocho y su papá,
y al acercarse a un pez grande,
a su interior irá a dar.

»Y disfrutará contenta
del silencio y de la paz
hasta que, un día cualquiera,
el pez le dé libertad.

»Unas cubren la cabeza
de un mero o un capitán.
Otras sirven de bandeja
por su forma circular.

»Y podrían llevar un día
un delicioso manjar,
que se serviría con pompa
en un palacio de sal.

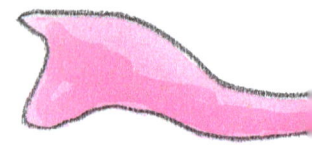

»Podrían pasar por las manos
de un coqueto calamar
que usa collares de algas
y pulseras de coral.

»Y un día siente un impulso,
siente un deseo real:
toma la gorrita verde
y se hace coronar.

Es lo que dijo mamita
y yo creo que no es verdad.
Es un cuento que ha inventado
y que le encanta contar.

No le gusta verme triste.
No quiere verme llorar.
Por eso imagina historias
que también me hacen soñar.

Pero sé que una sirena
que vive en medio del mar
tiene puesta mi gorrita…
y hasta aquí la oigo cantar.

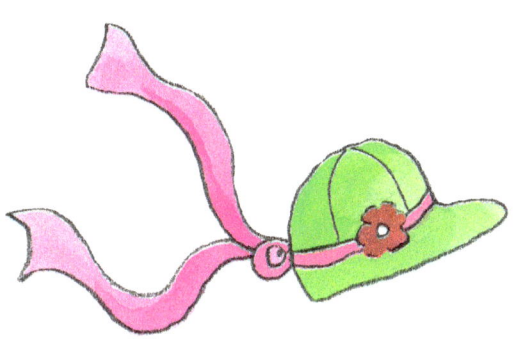

www.ingramcontent.com/pod-product-compliance
Lightning Source LLC
Chambersburg PA
CBHW061806070526
44586CB00023B/2735